Brigitte Freund

Blauweiße Fensterbilder

ENGLISCH VERLAG

Die Deutsche Bibliothek – CIP-Einheitsaufnahme
Blauweiße Fensterbilder / Brigitte Freund. – Wiesbaden: Englisch, 1998
ISBN 3-8241-0836-4

ISBN 3-8241-0836-4

Titelbild: Frank Schuppelius
Printed in Spain

Inhaltsverzeichnis

Vorwort

Basteln Sie doch einmal blauweiße Fensterbilder aus Wellpappe! Sie werden sehen, es ist ganz einfach. Durch die Struktur der Wellpappe erhalten Ihre Motive eine interessante Oberfläche, die durch die ausschließliche Verwendung der Farben Weiß und Blau besonders gut zur Geltung kommt. Farblich liegen Sie mit Blau und Weiß genau im Trend und die Motive, die hier vorgestellt werden, sind das ganze Jahr hindurch aktuell.

Mit Hilfe des Vorlagebogens in Originalgröße ist das Übertragen der lustigen Motive auf Wellpappe ganz einfach. Die Formen sind leicht auszuschneiden, sodass auch schon die Kleinsten mitbasteln können.

Ob als Partydekoration, als saisonales oder als ganzjähriges Fensterbild, die Motive eignen sich für Küche, Wohnzimmer oder Kinderzimmer und sind sicher immer ein effektvoller Schmuck sowohl am Fenster als auch an der Wand oder im Blumentopf.

Beim Nachbasteln der Motive und mit den fertigen Fensterbildern wünsche ich Ihnen viel Spaß und gutes Gelingen.

Brigitte Freund

Material und Werkzeug

Zum Basteln der hier vorgestellten Fensterbilder benötigen Sie folgende Werkzeuge und Materialien:

- ✔ Wellpappe in Blau und Weiß
- ✔ Fotokarton für die Schablonen
- ✔ Tonpapier für Fühler
- ✔ Pauspapier oder Transparentpapier in Weiß zum Abpausen
- ✔ Holzstäbchen für die Blumenstecker
- ✔ Bindfaden in Blau und Weiß
- ✔ Bleistift oder Kugelschreiber
- ✔ feiner, dunkler Filzstift
- ✔ Klebstoff
- ✔ Schere und Cutter
- ✔ dicke Stopfnadel oder Lochzange
- ✔ Schneideunterlage (z.B. Küchenbrett)
- ✔ Zirkel und Kreisschablone
- ✔ Lineal

Bastelanleitung

❶ Zum Übertragen der Motive sollten Sie sich zuerst Schablonen anfertigen. Zeichnen Sie dazu die Vorlage vom Vorlagebogen auf Pauspapier oder weißes Transparentpapier und legen Sie dieses auf den Fotokarton. Nun werden die Linien mit einem spitzen Bleistift oder Kugelschreiber nachgezogen, sodass sich auf dem Karton Rillen abzeichnen. Anschließend können die Schablonen ausgeschnitten werden. Sie können das Pauspapier mit den nachgezeichneten Motivteilen auch direkt auf den weißen Fotokarton kleben und dann die Schablone ausschneiden.

❷ Legen Sie nun die Schablone auf die glatte Seite der Wellpappe, zeichnen Sie die Umrisse mit einem Bleistift oder Filzstift nach und schneiden Sie anschließend das Motiv aus. Manche Teile werden mehrfach, zum Teil seitenverkehrt benötigt. Bei Wellpappe empfiehlt es sich immer, einen Cutter zu verwenden, da so die Schnitte sauberer auszuführen sind.

❸ Die ausgeschnittenen Teile werden schließlich zu den einzelnen Motiven zusammengeklebt. Als Orientierung dienen Ihnen dabei die Abbildungen zu jedem Motiv. Besonders schön kommen die Struktur der Wellpappe und die Farben dann zur Geltung, wenn die Linien der Pappe bei den weißen und blauen Teilen jeweils unterschiedlich verlaufen.

❹ Die Blumenstecker werden zuletzt an Holzstäbchen befestigt, die Fensterbilder an einem Bindfaden oder mit Klebstreifen direkt an der Fensterscheibe oder am Rahmen angebracht.

Lustige Tiermotive

1. Vogelfamilie

Material:
- Wellpappe in Weiß und Blau
- Cutter
- Klebstoff

Anleitung:
Nachdem alle Teile mit Hilfe der vorher angefertigten Schablonen ausgeschnitten wurden, werden die Beine auf der Rückseite des Vogelrumpfes, der Schnabel, die Augen und Flügel auf der Vorderseite angeklebt.

Denkbar sind nicht nur blaue Vögel, sondern auch weiße Vögel mit blauen Flügeln und Schnäbeln.

2. Raupen

Material:
- ❏ Wellpappe in Weiß und Blau
- ❏ Cutter
- ❏ Klebstoff
- ❏ Zirkel
- ❏ Filzstift in Schwarz

Anleitung:
Auf den Kopf werden das Haarteil und das Gesicht geklebt. Der Rumpf der Raupe setzt sich aus drei großen, einer mittleren und einer kleinen Scheibe Wellpappe zusammen. Die Scheiben können abgepaust oder aber mit dem Zirkel nachgezeichnet werden. Weiße und blaue Scheiben können auch zu blauweißen Raupen kombiniert werden.
Zum Schluß werden die Augen mit dem schwarzen Filzstift aufgetragen.

3. Entenpaar

Material:
- ❑ Wellpappe in Weiß und Blau
- ❑ Cutter
- ❑ Klebstoff

Anleitung:
Alle Teile werden einmal in Weiß und einmal in Blau ausgeschnitten. Bei der blauen Ente sind alle aufgeklebten Teile weiß, bei der weißen Ente ist es genau umgekehrt. Das blaue Entenweibchen kann zusätzlich noch eine schöne Schleife erhalten. Achten Sie beim Ausschneiden und Aufkleben immer auf die gegenläufige Struktur der Wellpappenteile, damit das Fensterbild auch besonders wirkungsvoll wird.

4. Elefanten

Material:
- Wellpappe in Weiß und Blau
- Cutter
- Klebstoff

Anleitung:
Zunächst werden alle Teile wie in der Bastelanleitung beschrieben ausgeschnitten. Bei den Elefanten werden Augen und Ohren auf der Vorderseite des Körpers angeklebt. Einer der Dickhäuter erhält zusätzlich eine Wasserfontäne. Diese wird von hinten an den Rüssel geklebt.

Meeresbewohner

5. Seepferdchen, Seesterne und Krake

Material:
- ❑ Wellpappe in Weiß und Blau
- ❑ Cutter
- ❑ Klebstoff

Anleitung:
Hier müssen nach dem Ausschneiden nur noch bei der Krake und den Seepferdchen die Augen aufgeklebt werden und schon ist das ganze Arrangement fertig. Zusammen geben diese Tiere ein lustiges Bild, aber sie können natürlich auch einzeln als Fensterdekoration dienen. Auch eine blaue Krake und weiße Seepferdchen sind möglich.

6. Seehunde

Material:
- ❑ Wellpappe in Weiß und Blau
- ❑ Cutter
- ❑ Klebstoff

Anleitung:
Wie in der Bastelanleitung beschrieben werden Schablonen hergestellt, die Motive ausgeschnitten und zusammengeklebt.

Die Eisschollen können ohne Vorlage ausgeschnitten werden, achten Sie darauf, dass Sie möglichst viel Ecken und Kanten – keine runden Formen – schneiden. (Abbildung Seite 14)

7. Fische

Material:
- ❑ Wellpappe in Weiß und Blau
- ❑ Cutter
- ❑ Klebstoff

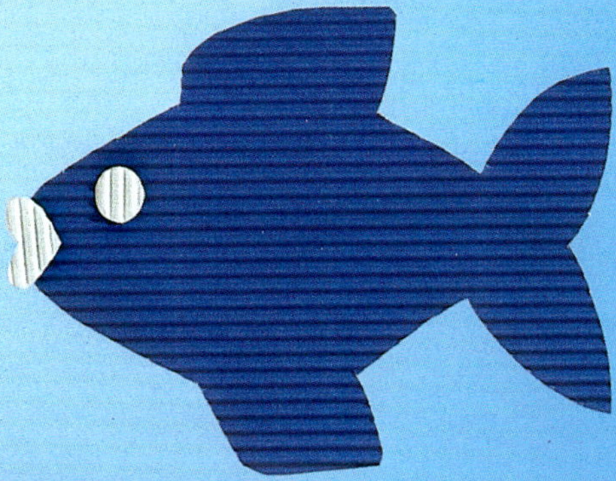

Anleitung:
Bei dem großen Fisch werden neben Augen und Lippen auch noch die Flossen in der Kontrastfarbe aufgeklebt. Die kleinen Fische sind ganz einfach, aber Sie sollten immer auf die Linienführung der Wellpappe achten. Denkbar ist es natürlich auch, den großen Fisch blau und die kleinen Fische weiß zu gestalten.

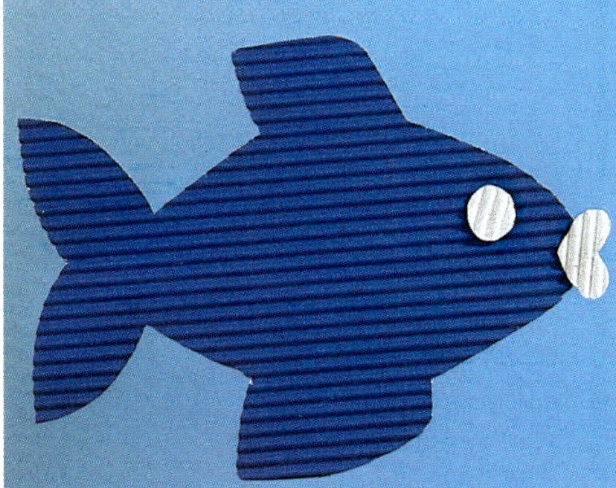

8. Wale

Material:
- ❑ Wellpappe in Weiß und Blau
- ❑ Cutter
- ❑ Klebstoff

Anleitung:
Schneiden Sie genau nach der Bastelanleitung die Schablonen bzw. Motive aus. Die beiden Wale sind bis auf die Wasserfontäne gleich. Die Augen kleben Sie am besten knapp über dem Mundwinkel auf, dann sehen Sie am lustigsten aus.

9. Spielende Delphine

Material:
- Wellpappe in Weiß und Blau
- Cutter
- Klebstoff

Anleitung:
Nach dem Ausschneiden der einzelnen Teile müssen bei den Delphinen nur noch die Augen aufgeklebt werden. Die Punkte für den Ball werden in gleichmäßigen Abständen auf den Ball geklebt. Abstehende Ränder werden dann vorsichtig abgeschnitten.

Dieses Arrangement ist in umgekehrter Farbkombination denkbar.

Blumenbilder und -stecker

10. Tulpen

Material:
- Wellpappe in Weiß und Blau
- Cutter
- Klebstoff

Anleitung:
Dadurch dass die Tulpenblüten aus zwei Teilen übereinander geklebt werden, entsteht eine besonders plastische Wirkung. Die Linien des kleineren Blütenteils verlaufen dabei quer zu den Linien des großen Blütenteils. Die Blüten werden anschließend auf den Stiel geklebt.
Denkbar sind auch Tulpen mit weißen Blüten.

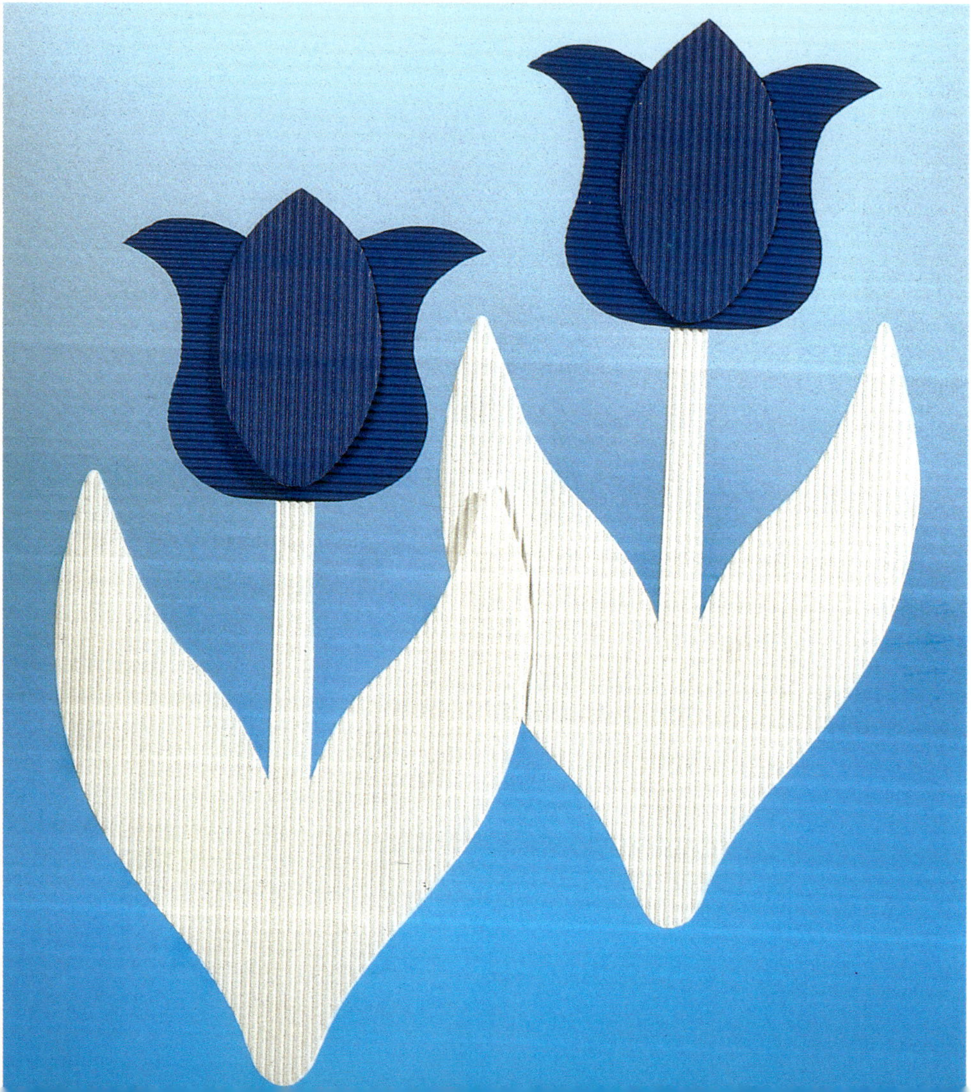

11. Steckblumen

Material:
- Wellpappe in Weiß und Blau
- Cutter
- Klebstoff
- Holzstäbchen

Anleitung:
Jede Blüte besteht aus zwei weißen und zwei blauen Teilen, die einfach übereinander geklebt werden und anschließend mit Klebstreifen an einem Holzstäbchen befestigt werden. Wer will, kann die Blüten auch doppelt anfertigen und von den Rückseiten dagegenkleben.

Das Holzstäbchen in der Mitte ist dann nicht mehr sichtbar und die Blumen sind von beiden Seiten gleich schön.

12. Blütenstecker

Material:
- ❑ Wellpappe in Weiß und Blau
- ❑ Cutter
- ❑ Klebstoff
- ❑ Holzstäbchen

Anleitung:
Die Blüten werden einfach der Abbildung gemäß zusammengeklebt und an Holzstäbchen befestigt. Durch blaue Blüten mit weißer Mitte lässt sich das Arrangement nach Lust und Laune auflockern.
Auch hier können Blüten von hinten dagegen geklebt werden, sodass das Holzstäbchen nicht mehr sichtbar ist und die Blüten von beiden Seiten gleich schön sind.

13. Blühende Kletterpflanze

Material:
- ❑ Wellpappe in Weiß und Blau
- ❑ Cutter
- ❑ Klebstoff

Anleitung:
Als Variante zu den Blütensteckern können die weißen Blüten auch auf ein blaues Gitter geklebt werden. Die Gitterstäbe lassen sich auch ohne Vorlagebogen ganz leicht selber anfertigen. Aus blauer Wellpappe schneiden Sie 1,5 cm breite Streifen und kleben diese zu einem Gitter zusammen, sodass die Gitteröffnungen 4 cm x 4 cm groß werden.

14. Blütenring

Material:
- ❑ Wellpappe in Weiß und Blau
- ❑ Cutter
- ❑ Klebstoff
- ❑ Zirkel

Anleitung:

Zum Abpausen des Blütenrings empfiehlt es sich, einen Zirkel zur Hilfe zu nehmen. Dann wird der Kreis schön gerade. Zu Ihrer Hilfe ist der Mittelpunkt des Kreises auf dem Vorlagebogen eingezeichnet.

Auch mit umgekehrten Farben ist der Blütenring eine schöne Fensterdekoration.

15. Clowns

Material:
- Wellpappe in Weiß und Blau
- Cutter
- Klebstoff

Anleitung:
Die blauen Haarbüschel werden oberhalb der Ohren von hinten an den weißen Kopf geklebt. Beim Gesicht kleben Sie am besten zuerst den Mund, dann die Nase und die Augen auf. Die Nase besteht aus zwei Teilen, die mit eingegengesetzter Struktur aufeinander geklebt werden. Zuletzt bekommt der Clown noch einen Hut auf.

16. Sektflasche mit Gläsern

Material:

- Wellpappe in Weiß und Blau
- Cutter
- Klebstoff

Anleitung:

Die dreidimensionale Wirkung der Flasche und der Gläser entsteht durch die unterschiedliche Struktur der Wellpappe an den Öffnungen.

Nach dem Ausschneiden der einzelnen Teile, wie in der Bastelanleitung beschrieben, wird in der jeweils gleichen Farbe das ovale Stück mit anderer Linienführung aufgeklebt.

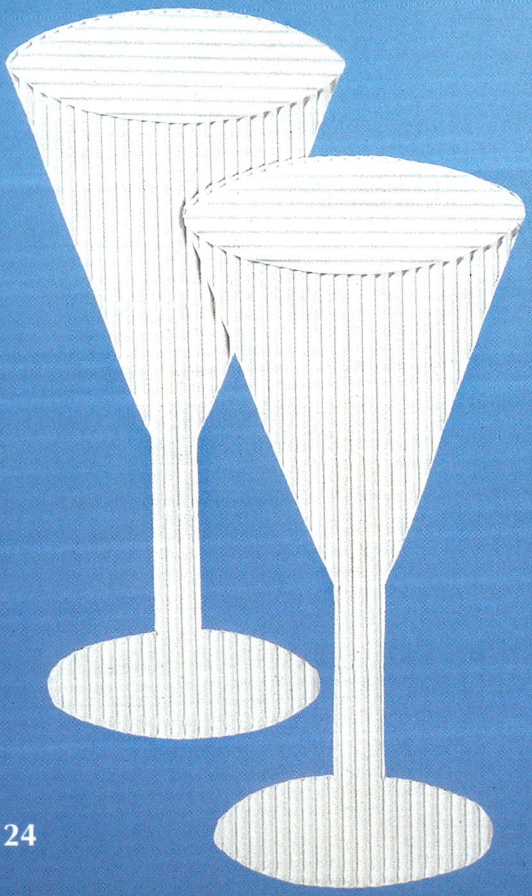

17. Eisbecher und Schmetterlinge

Material:
- Wellpappe in Weiß und Blau
- Tonpapier für Fühler
- Cutter
- Klebstoff

Anleitung:
Zunächst werden nach der Bastelanleitung die Schablonen angefertigt und die Motive ausgeschnitten. Dann werden die blauen Kugeln und das Schirmchen auf den

gefüllten weißen Becher geklebt. Die Schmetterlinge können das Bild ergänzen oder aber auch einzeln Ihr Fenster schmücken. Aus Tonpapier lassen sich je nach Belieben zwei Fühler schneiden, die hinter den Schmetterlingskörper geklebt werden.

18. Turnende Häschen

Material:

- Wellpappe in Weiß und Blau
- Cutter
- Klebstoff
- Bindfaden in Blau

Anleitung:

Auf den weißen Körper werden zunächst die blauen Teile geklebt.

Dann wird der Bindfaden hinter den Kopf und über die Vorderbeine gelegt und mit den Vorderpfoten festgeklebt. Der Faden muss dabei straff gespannt werden.

Eventuell kann auch Draht oder ein dünner Wellpappestreifen benutzt werden.

19. Teddybär

Material:
- Wellpappe in Weiß und Blau
- Cutter
- Klebstoff

Anleitung:
Zunächst werden alle Teile mit Hilfe der vorher angefertigten Schablonen ausgeschnitten. Sowohl bei dem Teddybären als auch bei dem dazugehörigen Ball werden nach und nach die einzelnen Teile aufgeklebt.

Denkbar ist auch ein weißer Bär mit blauem Ball. Beachten Sie wie immer die Struktur der Wellpappe.

20. Teddybär als Ballonfahrer

Material:
- ❑ Wellpappe in Weiß und Blau
- ❑ Cutter
- ❑ Klebstoff
- ❑ Zirkel

Anleitung:

Kleben Sie den weißen Körper an den Korb und die Tatzen auf den Rand. Der Kopf wird mit dem fertigen Gesicht auf den Körper geklebt. Als letztes werden zwei 18 cm lange und höchstens 1 cm breite Wellpappestreifen geschnitten und mit einem Ballon von 10,5 cm Durchmesser verbunden, den Sie vorher mit Hilfe eines Zirkels angefertigt haben.

21. Eisenbahn

Material:

- Wellpappe in Weiß und Blau
- Cutter
- Klebstoff

Anleitung:

Ein 31 cm langer, weißer Wellpappestreifen verbindet die Lokomotive und die Waggons miteinander und steht vorne und hinten jeweils 0,5 cm über. Wie auf der Abbildung zu sehen, werden dann die einzelnen Teile aufeinander geklebt.

Selbstverständlich lässt sich der Zug auch beliebig verlängern.

22. Cabrios

Material:
- ❑ Wellpappe in Weiß und Blau
- ❑ Cutter
- ❑ Klebstoff

Anleitung:
Alle Autofans kleben einfach die ausgeschnittenen Teile zusammen, zu beachten ist dabei wie immer die Struktur der Wellpappe. Sowohl blaue als auch weiße Autos sind möglich.

Als Variante zum Fensterbild können die Motive auch mit Holzstäbchen versehen als Blumenstecker benutzt werden.

23. Drachen

Material:
- Wellpappe in Weiß und Blau
- Cutter
- Klebstoff
- Bindfaden in Weiß
- dicke Stopfnadel oder Lochzange

Anleitung:
Die Drachen sind in beiden Farbkombinationen gleichermaßen dekorativ. Wie in der Bastelanleitung beschrieben werden zunächst Schablonen angefertigt und die Motivteile aus der Wellpappe ausgeschnitten.

In die Schleifen für den Drachenschwanz werden mit einer dicken Stopfnadel oder Lochzange zwei Löcher gebohrt, um die Bindfadenstücke zu befestigen.

ENGLISCH VERLAG Bücher für Kreative

ISBN 3-8241-0807-0
Broschur, 16 S., 2 Vorlageb.

ISBN 3-8241-0819-4
Broschur, 32 S.,Vorlageb.

ISBN 3-8241-0644-2
Broschur, 32 S., Vorlageb.

ISBN 3-8241-0612-4
Broschur, 32 S.,Vorlageb.

ISBN 3-8241-0815-1
Broschur, 32 S., Vorlageb.

Lust auf Mehr?

Liebe Leserin, lieber Leser,

natürlich haben wir noch viele andere Bücher im Programm. Gerne senden wir Ihnen unser Gesamtverzeichnis zu. Auch auf Ihre Anregungen und Vorschläge sind wir gespannt.
Rufen Sie uns einfach an oder schreiben Sie uns.

Englisch Verlag GmbH
Postfach 2309 · 65013 Wiesbaden
Telefon 0611/94272 - 0 · Telefax 0611/410665